知っているようで知らない

技術屋雑学ノート

中井多喜雄　著
石田　芳子　絵

燃焼社

まえがき

旧制の商業学校を出て油脂化学メーカーに入社したのですが、どういうわけか京都工場の原動力課という技術系の職場に配属されたのです。

これがきっかけで技術系分野に興味をもち、のめり込んでいくことになった次第で、建築工学、建築設備工学、エネルギー工学、土木工学、環境工学、燃料・燃焼工学、物理・化学などの分野に関する拙著を８社の出版社から80点も出版していただくということになったわけです。

そこで技術屋的人生を過ごした間に感じとった事柄の中で、素人の方々でも理解していただけるようなテーマをエッセー的に示した本書を執筆した次第で、皆様方の何かのお役にたてば幸いです。

なお、最後になりましたが、建築士である石田芳子さんに明るいタッチのすばらしいイラストを描いていただきました。有難く思っております。

中井多喜雄

目　次

第１章　火事はこわい！

第２章　昇降機のお話

第３章　電気にまつわる物語

第4章　くさいクサイ物語

第5章　水に関するお話

第６章　衛生動物のあらまし

第1章　火事はこわい！

消防ポンプ自動車
消防ポンプ自動車も「動力消防ポンプ」に該当するんだ
そりゃ いいや 一台 もらって いこうか
ちょっと ちょっと 勝手に 持っていかないで 下さいよ

泡は火を窒息死させるんだ！

“シャボン玉”を思い出して下さい。子供の頃石けん水をストローでふかしてシャボン玉をつくって遊んだ経験は誰もがもっています。ごくごく薄い水膜の内部が空気のあのシャボン玉は、いわば“泡”で、あのシャボン玉も数が多くなれば火を消せるんです。

火源に多量の泡を放射して、火源の表面を泡で覆うと消火できるのです。つまり燃焼面を隣同士の泡がつながりあい、上下方向にも何段も重なると燃焼物への空気の供給が完全に遮断されてしまい**窒息消火**するのです。

もちろん泡には水も含まれますので、窒息効果と同時に冷却効果もあります。つまり泡による消火の原理は、泡が火面を被覆することによる窒息効果と、泡を構成する水の冷却効果の相乗効果によるものなのです。

すなわち、**泡消火薬剤**（泡消火剤）とは、泡消火設備の主役である消火剤となる泡をいいます。具体的には泡消火薬剤とは、基剤に泡安定剤その他の薬剤を添加した液状のもので、水（海水を含む）と一定の濃度に混合し、空気または不活性気体を機械的に混入し、泡を発生させ、消火に使用する消火剤をいいます。

火災感知器は家庭にも設置が義務づけられていますよ！

火災感知器は、火災により発生する火炎（高温）または煙を検出して、自動的にピー！　ピー！　と高音で「火事です！　火事です！」と人工音（警報音）を発して火災を知らせるもので、部屋（とくに台所）の天井に取り付けるものです。

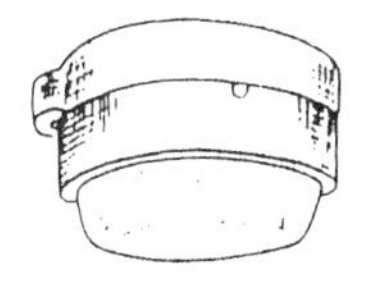

しかし、留守中のとき警報音を発した場合、近所の人や通行中の人が気付いて119番通報してくれるかなぁー？

このような心配を無くすために、火災感知器を電話回線に接続し、警報を発した場合、消防署へ自動的に通報するシステムを完成させている自治体が増加しているようです。

火災警報って知ってますか？

火災警報は火災が発生しやすい気象状況になった場合に発令されるものなんです。

火災警報の発令条件は概略つぎの通りです。

①実効湿度が50％以下であって、最小湿度が25％以下になる見込みのとき。

②平均風速が13m以上の風が吹く見込みのとき。

③実効湿度が60％以下であって、最小湿度が30％以下となり、平均風速10m以上の風が吹く見込みのとき。

なお、火災警報が発令されたときは、市町村条例により火の使用が制限されますよ。

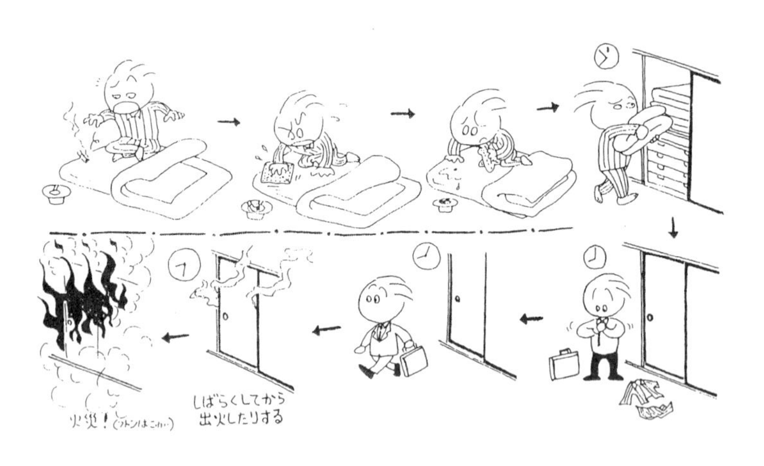

火災に区分があるの？

火災のことを俗に火事と称していますが、「燃焼現象においてエネルギーが暴走し、人間の意に反して物が燃え続け、これを放置しておくと人命や財産に損害を与える場合」を火災といいます。そして、燃焼の火炎伝播がきわめて速く、非常に高温を伴う瞬間的な燃焼で、気体が急激に膨張して爆発音を発し、周囲に機械的破壊力を及ぼす燃焼は**爆発**といいま

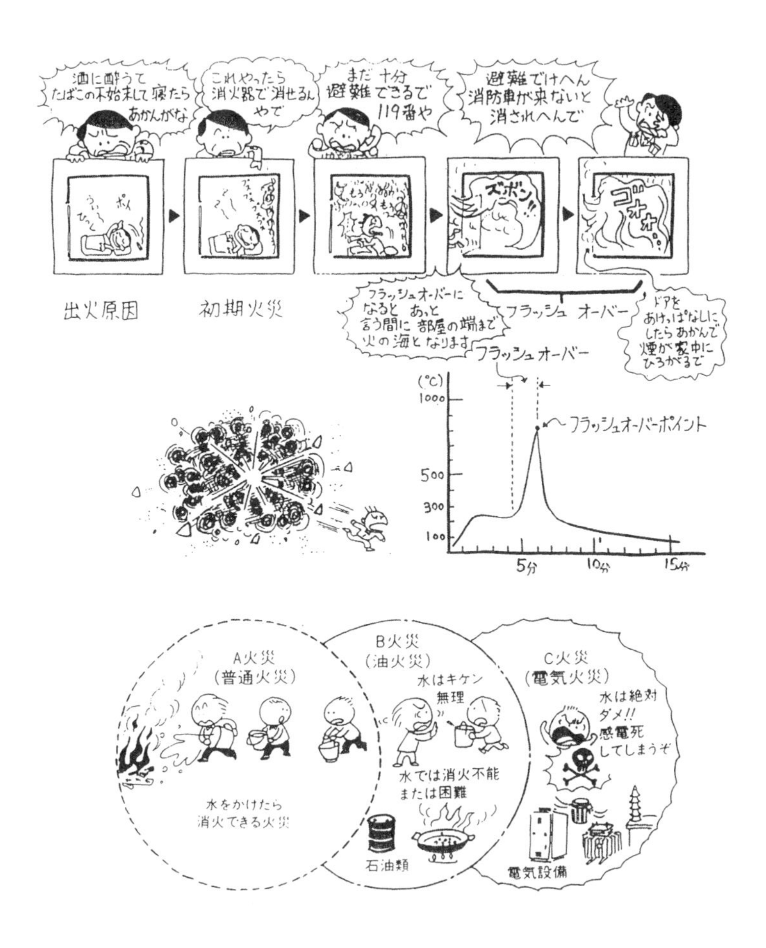

す。いわゆる“ガス爆発”がこれに該当しますが、この爆発も広義には火災に含めます。

火災とひと口にいっても、その種類は多岐にわたり、通常、火災により被災した物件を対象に、建物火災（住宅火災、ビル火災、工場火災）、車輌火災、森林火災（山火事）などと分類されますが、消防法令上では、燃焼特性から、つぎのように分類されています。

①**A火災：普通火災**ともいい木材、紙、布など普通の可燃物の火災のことで、水で消火可能な火災をいいます。

②**B火災：**一般に**油火災**といわれ、石油類や動植物油など半固体油脂を含めた引火性物質およびこれに準ずる物質の火災、つまり水では消火不能あるいは消火困難な火災を指します。

③**C火災**：俗に**電気火災**といわれ、変圧器、配電盤、その他これらに類する電気設備の火災、つまり水をかけると感電の危険がある火災をいいます。

煙の正体とそのこわさ

消防法令上「煙とは火災によって生じる燃焼生成物」と定義されています。燃焼生成物は燃焼工学の専門用語ですが、これを単純に考えてみましょう。

可燃物の可燃成分は炭素と水素ですが、その大部分は炭素と考えて差し支えありません。この炭素が完全燃焼した場合と、不完全燃焼したときに生じる燃焼生成物を比べると、つぎのようになります。

炭素が完全燃焼＝炭素ガス（二酸化炭素）

炭素が不完全燃焼＝二酸化炭素と一酸化炭素と炭素微粒子
（すす）と酸素欠乏空気

そして不完全燃焼の度合いが著しいほど、燃焼生成物中の二酸化炭素の割合は少なくなり、一酸化炭素とすす、および酸欠空気の割合が増加します。

燃焼工学上“煙”は炭素の不完全燃焼により生じるすす

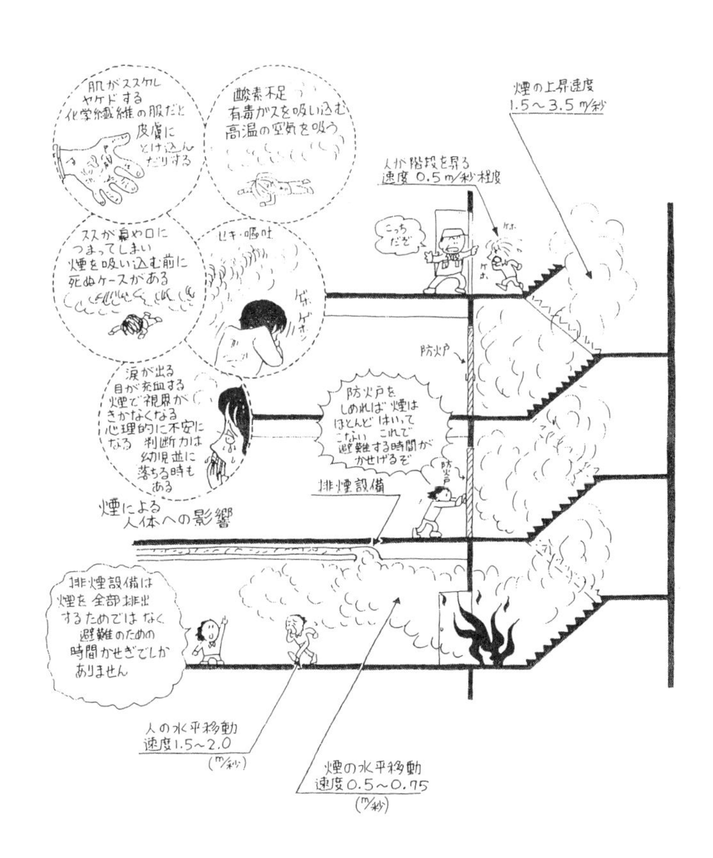

（炭素微粒子）をいい、これが煙を黒くする原因なのです。“火災”は可燃物の著しい不完全燃焼の現象ですから、煙（すす）、一酸化炭素、酸欠空気の他に、いろいろな有毒ガスを含んだ燃焼生成物が著しい高熱で発生し、消防法令上では“煙”と表現されているわけです。

一酸化炭素は恐ろしい**一酸化炭素中毒**の、酸欠空気は酸素欠乏症（窒息死）の原因となり、煙は著しく視界を悪くし、もちろん高熱ですから、高所へ向かって3～4倍に急膨張するわけです。したがって、煙（燃焼生成物）の水平移動速度は0.5～0.75m/秒、垂直方向の上昇速度は1.5～3.5m/秒となり、4～5階のビルなら数秒間で最上階まで煙が上昇してしまいます。

ビル内で火災が発生し、消火活動が遅れると、いろいろな有毒ガスを含み、高熱で、かつ視界をさえぎる煙が充満し、消火活動はもちろんのこと、避難上にも大きな障害となるのです。煙は“こわい”の一語につきると思います。

コンセントがトラッキング火災!?

定格電圧100Ｖの電気機器の使用時には必ずコンセントにお世話になりますね。そのコンセントが自然に？　燃え出すことがあるんです。

コンセントの**トラッキング火災**とはどういうことなんでしょうか。コンセントに電気機器の差込みプラグを長期間差し込んだままの状態にしておくと、湿気や結露による水分が付着し一時的に弱い短絡状態になり、空気が乾いてくれば（湿気が低くなれば）正常に戻るわけです。これが長期間にわたり繰り返されると、差込みプラグやコンセントの固体絶縁物（樹脂絶縁物）が絶縁劣化し、絶縁物の表面に電気伝導路を徐々に形成し、ついには常に短絡状態となって発熱し、火花も発し、燃え出すことになるのです。このように固体絶縁物表面に電気伝導路が形成される現象を**トラッキング**（**金原現象**）といい、トラッキングに起因する電気火災がトラッキング火災と称されるのです。

コンセントが自然発火？　するなんて恐ろしいことですね。厨房や洗面場など、水気や湿気の多い場所に配置される冷蔵庫や洗濯機などの差込みプラグをコンセントに差し込んだままの状態にしている場合は、定期的に点検し、付着したホコリ（ホコリは吸湿作用がありますよ！）や水分を、ていねいに清掃して除去することが肝要です。

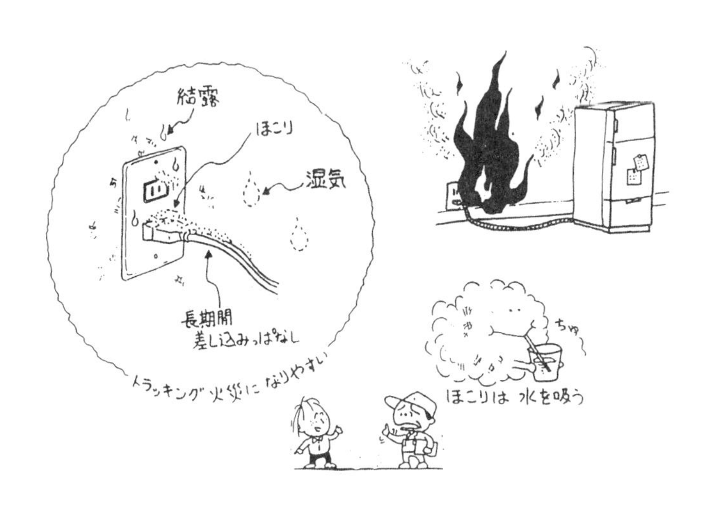

「地震・雷・火事・おやじ」地震力のおはなし

地震力とは、地震の動的な揺れを、静的に評価して設計荷重として用いる力をいい、建築基準法では、建築物の地上部分の地震力については、当該建築物の各部分の高さに応じ、当該高さの部分が支える部分に作用する全体の地震力として計算するものとし、その数値は、当該部分の固定荷重と積載荷重との和に当該高さにおける地震層せん断応力係数を乗じて計算しなければならないとされています。

震度とは、地震の際、ある場所で、どのくらい揺れたか、人体が感ずる程度によって、振動の強さを数種の階級に分けたもので、わが国では地震の震度階を次のように分けています。0：無感、1：微震、2：軽震、3：弱震、4：中震、5：強震、6：裂震、7：激震、の8階級。

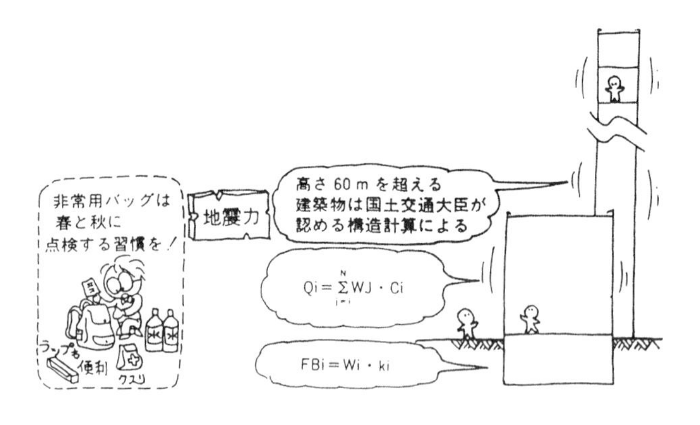

消火には水が一番！

「火災の消火は水！」。いうまでもなく油火災などの例外を除いて、火災は水で消火できます。水で消火できるのはなぜでしょうか。ガスコンロに火をつけて水を入れたナベを置いておくと、加熱されて水温は上昇し、100℃に達すると湯はグラグラと沸騰して“飽和水”となります。この飽和水をさらに加熱していくと、温度は100℃のまま一定で、蒸気を発生させ（蒸発させ）、ついにはナベの中の水は完全になくなってしまいます。

0℃の水1kgに100kcal（418.6kJ）の熱量を加えると100℃の水（飽和水）となり、さらに加熱すると蒸気へと状態変化（蒸発）を続け、539kcal（2256.3kJ）の熱量を加えた時点で水は完全に蒸発しつくしてしまうのです。つまり、飽和水を完全に蒸発させるには、539kcal/kg（2256.3kJ/kg）の熱量を加えなければならないのです。この蒸発に必要とする熱のことを蒸発潜熱または蒸発熱や気化熱といいます。

逆説的に言いますと、水は蒸発（気化）するとき大量の熱

（蒸発潜熱）を奪うのです。例えば暑い夏の夕方、庭に打ち水をまくと涼しくなりますが、これは夏の風物詩といった情緒的な面だけではなく、打ち水が蒸発するとき、地面から蒸発潜熱を奪い地面を冷却させるからなのです。

注射するとき、消毒のためアルコールをぬられますが、ぬった部分はとても冷たく感じます。アルコールは気化しやすい物質で、すぐに液体から気体へと状態変化（蒸発）するので、身体の表面から蒸発潜熱を奪っていくのです。

消防ホースにまつわる“チン談”？

消防学校を卒業して消防署に配属された新米の若き消防士クン、勤務時間中に入浴しておりました（勤務時間帯によって、仮眠や入浴が認められているそうです）。

そのとき「火災発生！　出動！」の命令です。

初陣で武者ぶるいの新米の消防士クン、慌てふためいて生まれたまんまのスッポンポンの姿で乗り込んだのです。

「コラ！　その小さなホースで火事が消せるか！」と降ろされ、消防車はケタタマしくサイレンを鳴らして出動していきました。

責任感の強いこの消防マン、裸の身に消防服を着用し、バイクがあるのも忘れて“自転車”で、大汗をかきながら必死の思いで火災現場へ遅まきながら駆け付けました。

このド根性のある若き消防士の“チン勇伝”笑うたらアカンで！

たばこの煙は煮ても焼いても食えない！

ビル内での浮遊粉じんのおもなものに、たばこの煙があります。たばこの煙の粒子は0.2μm程度ときわめて微小で、簡単なエアフィルタでは素通りしてしまい、除去することは非常にむずかしいのです。

しかも独特の臭いを発散し、たばこを吸わない人にとってはひどい悪臭と感じられます。

たばこの煙を除去するには電力集じん機か、これと同等の集じん効率が出せる、ろ過式集じん装置といった高価な装置を必要とします。

この高価な装置を用いますと、たばこの煙（微粒子）は取り除けますが、たばこの臭いはほとんど取り除けません。ほんとうにたばこの煙ほど始末に悪いものはありません。

たばこの煙という浮遊粉じんを、その臭いともども簡単に室内から排除する方法は、室内空気をすべて室外（大気中）に出す、つまり100%の換気を行うことです。

しかし冷房期や暖房期にこのようなことをすれば著しいエネルギーロスとなります。冷・暖房期はエネルギー損失を小さくするため、室内還気の70％程度を再循環させ、換気量は最小必要限度としているわけです。

部屋に入ってたばこの臭いがしたら、その部屋の浮遊粉じん量は0.3mg/m^{3}程度となっているはずで、管理基準値の0.15mg/m^{3}の2倍になっているのです。

在室者10人程度の部屋にヘビースモーカーが1人いれば、その部屋の浮遊粉じん量は管理基準値をこえると考えてよいでしょう。

愛煙家はこのような点をよく認識し、排気口近くに設けられる喫煙席で吸うなど、マナーを守ることが必要と思われます。

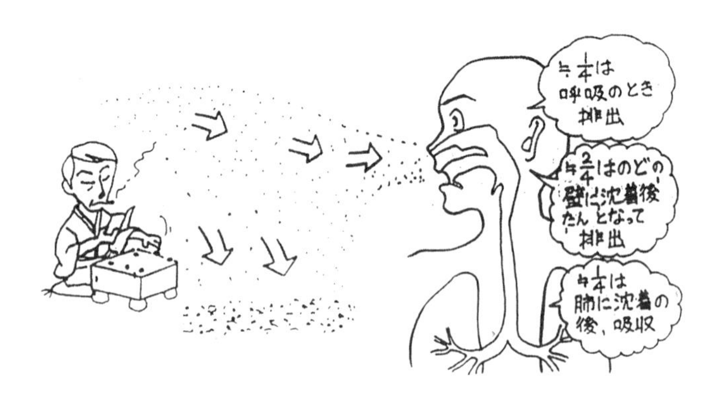

トラッキング火災は、忍者が忍び入るごとくに自然発生する？

トラッキング火災（金原現象火災）とは、コンセントに電気機器の差込みプラグを長期間差し込んだまま使用中、湿気や結露などにより、差込みプラグやコンセントの樹脂絶縁物が劣化し、表面に電気伝導路を徐々に形成し、ついに短絡状態となって発熱、発火し燃え出す火災をいうのです。

トラッキング火災を予防するには、電気冷蔵庫など電化製品の差込みプラグやコンセントを定期的に点検・清掃することがポイントとなりますよ！

非常用の照明装置とは？

機能的に消防法上の誘導灯とよく似たものに、建築基準法による非常用の照明装置（非常照明）があります。誘導灯は停電時はもちろん平常時も点灯しなければならないことになっていますが、非常用の照明装置は平常時はまったく点灯せず、停電時のみ自動的に点灯することになっているのです。

そして非常用の照明装置の明るさは床面上で１ルクス（lx）以上となっています。

しかし、誘導灯と非常用の照明装置のその目的とするところは異なっています。

ただ、階段室に設けるものについては相互に競合することになるので、この場合は「誘導灯は非常用の照明装置であるものとして取扱うものであること」とされ、別々に設置する必要はありません。

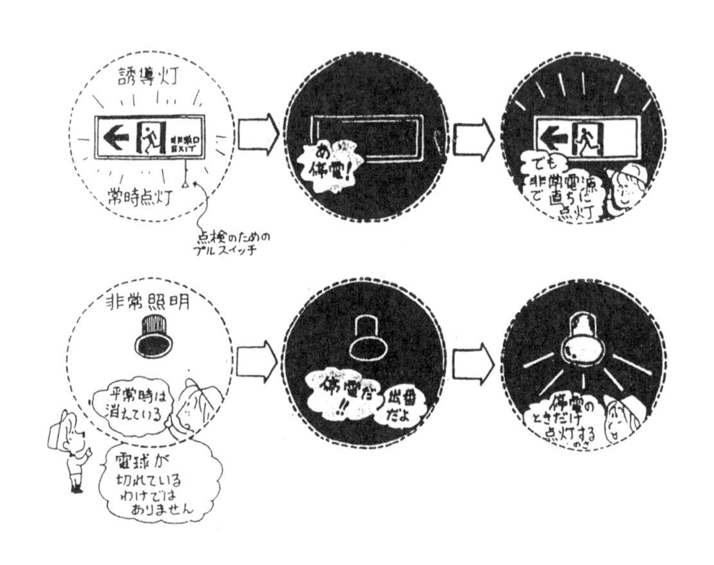

119番通報は火災報知設備の基本だ！

火災が発生した場合、どのような手段で消防機関へ通報すればよいのでしょうか。もちろん119番通報です。これは正式には**火災報知専用電話（119番）による通報**といいますが、実際に火災に遭遇した場合、誰でも気が動転してしまい冷静、沈着に対処するのは難しいようです。あわてふためいて警察へ110番通報される人や、わざわざ消防署の一般加入電話の番号を電話帳でさがして電話通報される方もあるほどです。そして当初から119番通報されたとしても、「火事だ！　火事だ！」と叫ぶだけで、正確に通報できる人はごくわずかだそうです。

この119番通報以外に、特定の防火対象物と消防機関との間を専用線で結び、防火対象物に設置した発信機で発信すると（押しボタンスイッチを押すと）、消防機関がただちに相手方を知るようにした設備があり、**消防機関へ通報する火災報知設備**といいます。

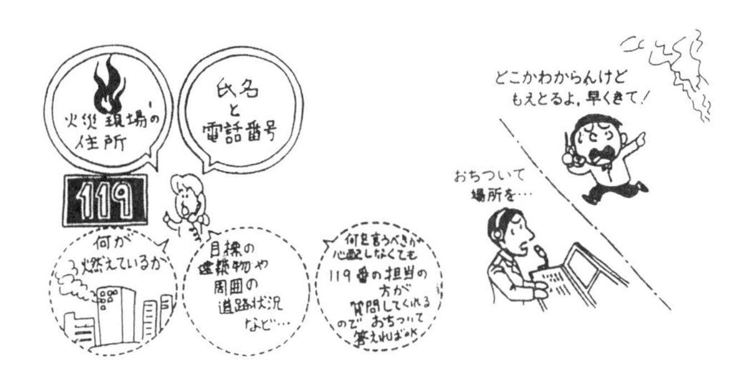

第２章　昇降機のお話

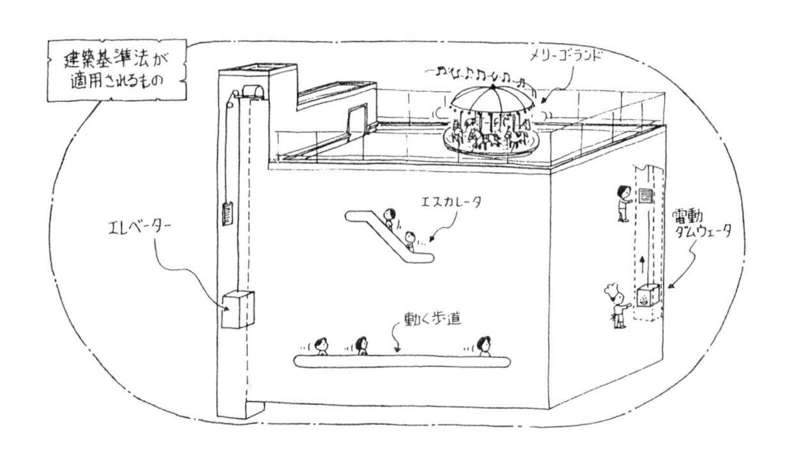

エレベータ内で“缶詰”になったら大変!!

もしエレベータが途中で異常停止し、内部に閉じ込められたまま“缶詰”になったら実に不安ですね。エレベータの事故のなかで乗客に与える心理的影響が大きいのが**缶詰事故**なのです。

エレベータのかご内には非常電話かインターホンが必ず設けられているので、これを通じて乗客との会話を図り、乗客の不安心理をやわらげることが最も重要な手立てなのです。

エレベータは一般にその保全管理を保守サービス会社に委託しており、通報してから30分以内に技術員がきてくれる体制になっています。窒息する恐れはないので技術員がくるまで待ちましょう！

斜行エレベータってあるの？

近年、大都市近郊において用地の確保が難しく、山のすその傾斜面に大型の団地住宅やマンションを建設するケースが増加しています。傾斜面に住宅を建設すれば日当たりの確保や眺望がよいといったメリットはありますが、問題はふもとから団地まで短時間で往復できる道路です。この問題点解決のための対策として開発されたのが斜行エレベータです。

斜行エレベータはかごを、かご下の台座の上に乗せておき、この台座が傾斜のガイドレールの上を昇降するようになっており、駆動方式は一般のエレベータと同じです。斜行エレベータの標準的な適用基準は昇降路の傾斜角度20～45、昇降行程最大60m、停止数最大15停止となっています。

斜行エレベータはあくまでエレベータで、エスカレータではありません。斜行エレベータの利用の仕方は一般のエレベータとまったく同じです。

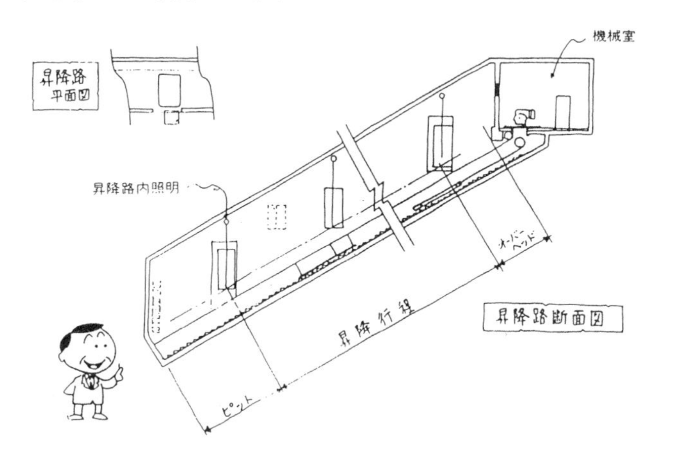

乗り過ぎたら警報ブザーが鳴るよ！

朝、夕のビルのラッシュ時に多くの人がエレベータに乗り込むためブザーが鳴り扉は開いたままで動かないので、誰かが降りたらブザーが停止し、ドアーが閉じてエレベータが動いたという経験をされているはずです。このブザーは**乗り過ぎ警報ブザー**といいエレベータの安全装置の１つです。

かごの積載荷重が許容荷重の110%に達すると、かご上に取り付けたブザーが鳴って定員超過を知らせると同時に、自動的に操作回路がオフされ、扉は開いたままの状態で運行不能となり、過負荷重が解消されれば自動的に運行が開始されるようになっています。

乗り過ぎ警報ブザーが鳴ったら、最後に乗った人は降りるのがマナーですよ！

第3章　電気にまつわる物語

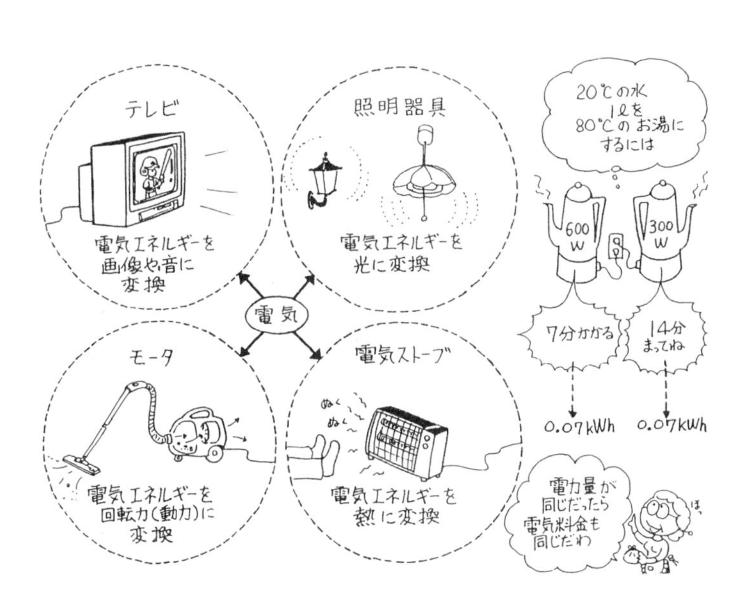

アナログ標示とは

温度、風速、圧力、時間などの種々のデータを目盛や線グラフとして表すことをいい、メータの指針、時計の針などはすべてアナログ標示です。

アナログ標示に対して、データを数値で表すことをデジタル標示といいます。時間を**デジタル標示**としたものがデジタル時計です。

インターロックが働くと3分間待つんだよ！

インターロックとは　所定の前提条件が満たされなければ次の操作が行えないようにした仕掛け、およびある所定の異常状態に達すると自動的に運転停止や保安操作を行うようにした仕組みで、機器の誤動作の防止や安全のために関連装置間に電気的または機械的に連絡をもたせたシステムです。そしてインターロックが作動した場合は必要に応じて警報が発せられるようになっています。

インターロックが作動して装置が自動停止したときは、同時に警報も発生することになっています。この場合、装置を再び運転状態にする再起動操作は必ず手動で行う、いわゆる手動リセット操作によらなければなりません。

したがってインターロックが作動した場合は、まず装置が異常自動停止した原因を確かめ、その異常個所を是正し、かつ、インターロックが作動してから3分間以上経過した後、リレーのリセットボタンを押し、制御盤の操作スイッチをオンするという、所定のルールの手動リセット操作により、装置の再起動を行わなければなりません。

この正しいルールの手動リセット操作をまもらずに、再起動させようとしても装置は再運転できませんし、このようなルールを無視した再起動操作を繰り返すことは事故発生につながりかねないことを忘れてはなりません。

カップラーメンも湯を注いでから3分間待たなければ食べられません。インターロックが作動した場合も、再始動するには3分間は待ちましょう。

オートメーションとは？

オートメーションは、オートマチックオペレーターの略語で、もちろんオートメーションの意味はよくご存知ですよね。

ところで、ある研修会でクソマジメな顔で「オートメーションって、乙女(おとめ)のションベンのことですか？」と聞かれたときは、開いた口がふさがりませんでした。

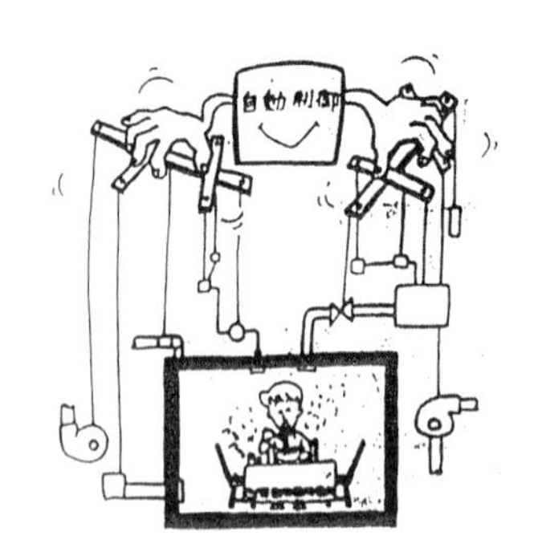

家庭の1ヵ月の消費電力量はどのくらいかな？

統計をみると一般家庭では1ヵ月平均100～200kWhの電気を使っています。東海道新幹線「ひかり号」は東京から博多まで走るのには45000kWhの電力量を必要とするんです。ちなみに「ひかり号」が1km進むのに必要な電力量は約38.2kWhです。ケタが違いますね。

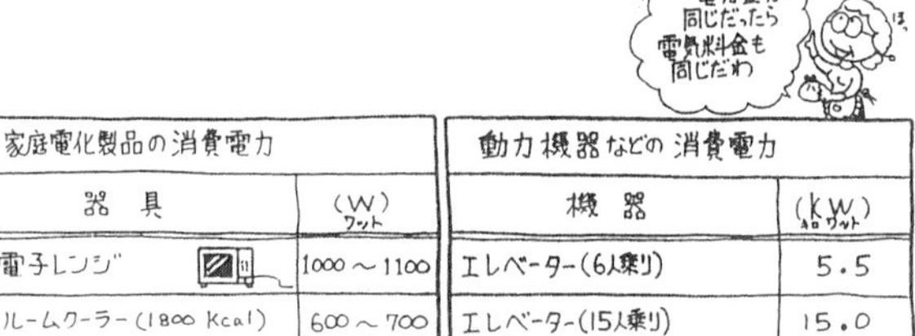

家庭電化製品の消費電力	
器具	(W)ワット
電子レンジ	1000～1100
ルームクーラー(1800 Kcal)	600～700
電気炊飯器	600～650
電気アイロン	300～600
掃除機	500～550
洗濯機	250～300
冷蔵庫(容積200ℓ位)	120～160
扇風機	40～80
ラジオカセットレコーダー	≒10
電卓	0.0004

動力機器などの消費電力	
機器	(kW)キロワット
エレベーター(6人乗り)	5.5
エレベーター(15人乗り)	15.0
エスカレーター(輸送能力100人/分)	15.0
JR新幹線主電動機(1個)	185.0
JR線 主電動機(東海道線など)	100.0
電気自動車(6人乗)	37.0
ポンプ(揚程 8m)	0.75
ポンプ(揚程 26m)	5.5
電動ウインチ	2.2
チェーンソー	1.0～1.5

感電事故は多いんだ！

電気設備関係の職場での災害では、感電によるものが多数を占めています。感電事故はつぎの２つに分けることができます。

①所定の絶縁がなされており、人が触れてもよく、またさわる可能性のあるところで、普通（正常）の状態ではなんでもない電気機器の金属と大地間に、その電気機器の絶縁が破壊されたり、絶縁不良をきたした場合に発生する接触電圧があり、それに人体が触れることにより発生する感電。

②活線（充電された電線つまり送電された状態の裸線の部分）に直接、接触した場合の感電。

感電電流と人体の生理反応〔例〕

電流実効値〔50/60Hz〕	使用時間	人体の生理反応
0～0.5〔mA〕	連続しても危険でない	電流を感知できない
0.5～5〔mA〕	連続しても危険ではない	電流を感知し始め，けいれんを起さない限度である 可随意電流領域（接触状態から，自発的に離れることが可能であるが，指，腕などには痛みを感じる）
5～30〔mA〕	数分間が限度	不随意電流領域（けいれんによって，接触状態から，自発的に離れることが不可能となる） 呼吸困難や血圧上昇が起こるが耐えうる限度である
30～50〔mA〕	数秒から数分まで	心臓の鼓動が不規則となり，失神，血圧上昇，強いけいれんが起こる 長時間では心室細動（心臓の筋肉が微細な振動をして，血液を循環させる機能を失い，死亡に至る）が発生する
50～数100〔mA〕	心臓の拍動周期以下の場合	強烈なショックは受けるが，心室細動は発生しない
	拍動周期超過の場合	心室細動が発生し，失神，接触部に電流こん跡が残る
数100超過〔mA〕	拍動周期以下の場合	拍動周期以下の作用時間であっても，特定の拍動位相において感電が開始した場合，心室細動が発生し，失神が起こり，接触部に電流こん跡が残る
	拍動周期超過の場合	心室細動は起こらず，同復性の心臓停止，失神が起こる 火傷により死亡する可能性がある

グレアとは？

照明器具におけるまぶしさのことをグレアといいます。まぶしさには不快なまぶしさと、視覚低下のまぶしさがありますが、視野の中にまぶしい光源があったり、明暗の差が著しいときには強いグレアを感じ、目が疲れたり、先の方が見えにくく不快感を生じます。グレアを生じさせない基本的な方法は、人の水平方向の視線と30°をなす角度以内に天井の照明器具の光源が入らないように工夫し配慮することです。

同じ40Wでも光束が違う

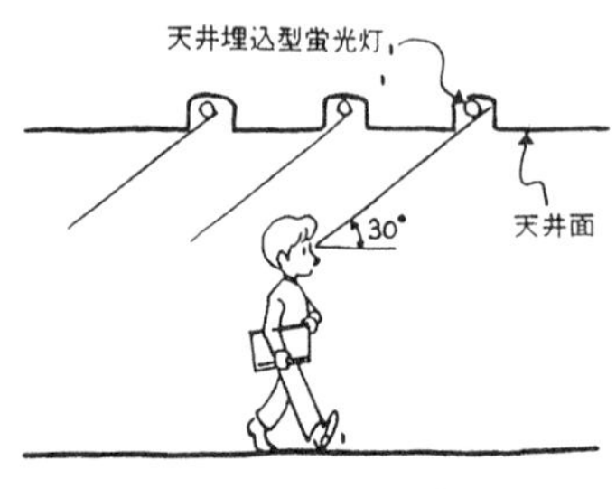

グレアを生じさせない方法

雷さまは“ヘソ”を盗るかな？

昔から「ホラ、雷さんだ！　おヘソを盗られちゃ大変だから、隠しておこうネ！」といって、子供達に腹掛けをさせたものです。これは夏の雷雨の前後ではかなり気温が違い、ことに雷雨後の気温の降下は急で、その程度も大きいのです。このため裸でいる子供は急に腹を冷やし下痢を生じやすくなるわけです。雷雨のとき腹掛けをさせるのは、理にかなった

“生活の知恵”なのです。もっとも近年はクーラーなるものが、普及し、夏でも裸でいる子供はいませんがね……。

小鳥は高圧電線に止まっても感電しない!?

高圧の送電線（裸銅線）に小鳥たちが多く止まっているのをよく見掛けますが、感電しないようです。不思議ですね？

水分が80%という良導体である人間や動物が感電するということは、身体に電流が流れることであり、つまり人間自体がスイッチをONして閉回路の状態にした場合に感電するわけです。

したがって小鳥達が送電線に止まっても感電しないのは、１本の線にしか止まっていないからです。いわば止まっても閉回路にはならず開回路の状態だからなのです。

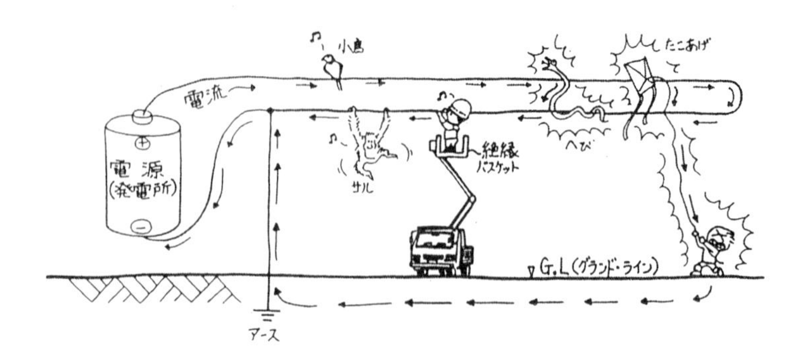

コンセントの穴に大小があるって知ってる??

電気機器と配線との接続に使う配線側に設けられる電気機器を使用するための差込み器具（受け口）を**コンセント**といいます。家庭などに用いるコンセントは2極式のいわゆる2つの穴があります。普段なにげなくお世話になっている2つの穴のコンセントですが、よく見ると2つの穴は大小になっているんですよ。これホント確かめて下さい。

実は大きな穴の方は、アース線につながっているのです。このため大きい穴だけにさわっても感電しません。しかし小さな穴には電圧側電線がつながっています。

したがって小さい穴の方にさわるとビリッ！　です。赤ちゃんや小さな子供をお持ちの家庭では感電防止のコンセントキャップを使いましょう。

ところで、コンセントという用語は和製英語なのです。したがって外国ではコンセントといっても意味が通じません。正しくはアウトレット（Outlet）つまり日本語に訳せば「(電)引出し口」です。

照明に関するア・ラ・カルト

①**照明**とは、光を人間の生活の諸方面に役立たせることを目的とした光の応用で、自然昼光に関しては通例建築工学で扱われ、人工光は電灯を使うのが最も都合が良いので、電気技術の一分科として扱われます。照明は生理学、心理学、建築、工業意匠などと深い関係があります。

②**照明器具**とは、主にランプ（白熱電球、蛍光灯など人工光源の総称的な呼称）の配光および光色を変換する機能をもち、それらのランプを固定し保護するため、および電源に接続するために必要なすべてのものをもつ器具で、点灯に必要な附

属装置をも含みます。ただし、照明器具としてはランプは含まれません。

③**照明器具効率**とは、照明器具から放射される光束と、ランプから放射される光束との比をいいます。ちなみに照明器具効率の例を示すと、蛍光灯直付け＝90%、蛍光灯埋込み開放＝80%、蛍光灯埋込みカバー付き＝50%、白熱灯ダウンライト＝60%、白熱灯笠＝80%となります。

照明器具効率の見地からすれば蛍光灯直付けが最も高効率で明るいわけですが、工場ならともかく、ホテルやデパートなどではどうも殺風景でサマになりませんね。

もしカラオケバーの照明が蛍光灯直付けの照明器具だったら本気でカラオケ歌えませんね。馬鹿くさくて、やはりムードのある薄暗いステージでスポットを浴びなければ“恍惚”と演歌を歌い上げられませんね……。スポットライトは束光照明というんですよ。

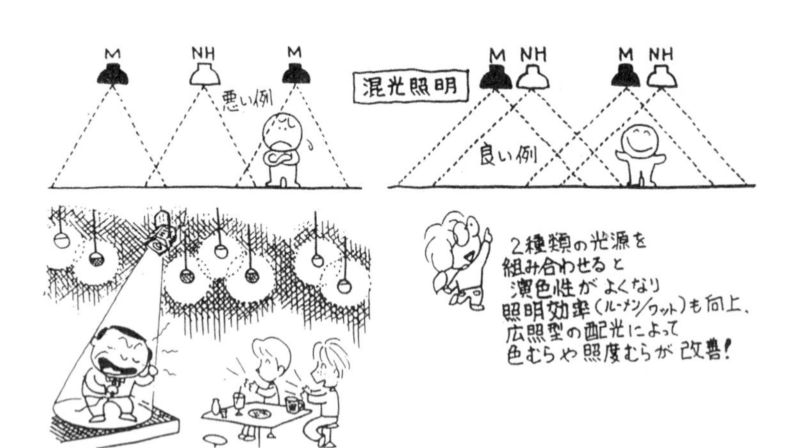

“盗電”は有罪それとも無罪？

日本で電気なるものが普及しはじめた明治時代に、電気歴史上、有名な盗電事件がありました。

明治34年、横浜共同電灯会社の需要家が１灯分しか契約していないのに、何灯分もの電気を勝手に使用したので、会社は横浜地方裁判所に“盗電”と告訴したのです。６ヵ月後、裁判所は有罪判決を下したのです。

ところが被告は「電気は電灯を明るくするけれども、それ自体は形も重さもなく、見ることは出来ない、従って実体ではない。実体でないものを盗むことは出来ず、故に刑法（当時の）規定による窃盗罪は成り立たない」と、判決を不服として東京控訴院に控訴したわけです。

このため東京控訴院では東京帝大の教授に電気について鑑定を依頼したのですが、当時の電気工学のレベルから「電気はエーテルの振動現象であって、有機体とみなせない」と結論したので、東京控訴院は無罪としたのです。

この裁判は大審院（現在の最高裁）にまで持ち込まれ、結局、この盗電者は有罪となったのですが、大審院は有罪の理由づけに苦労したそうです。

どんなとき静電気が起こりやすいかな？

静電気は空気が乾燥している（湿度が低い）と起こりやすく、空気が湿る（湿度が高い）ほど生じにくくなり、湿度が55％以上になると静電気は生じません。例えば気温が20℃、湿度10％というカラカラに乾いた空気（実際には乾いた空気といっても湿度30～40％ですが……）では、ナイロンで12000Ｖの電圧の静電気が帯電することになります。湿度35％という実際にあり得る乾いた空気状態では、ナイロンで6000Ｖ、ウールで4000Ｖも人体に帯電するのです。

なお“湿度”は、絶対湿度と相対湿度とに区分されますが、通常、湿度というと、相対湿度（関係湿度）を指しています。

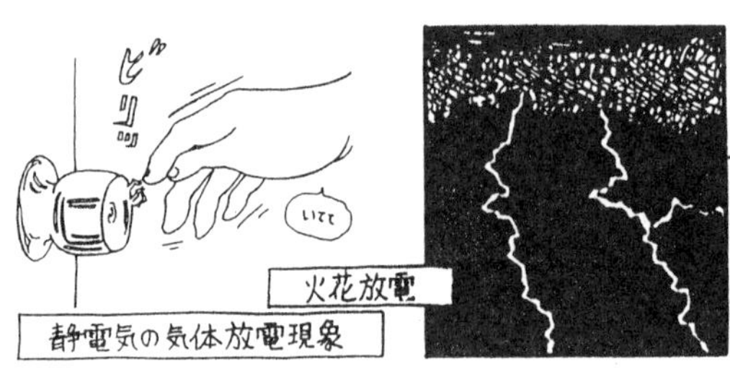

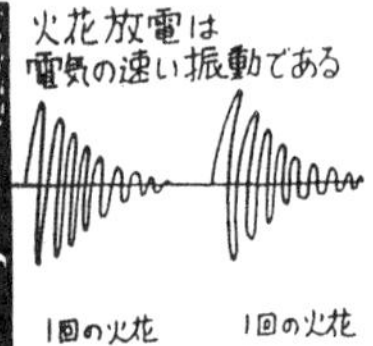

目で見て1回火花が
飛んだように見えても
実は何回も火花が
行ききし 電気が
振動している
火花と火花の間は
電気をためている時間

第4章　くさいクサイ物語

雲古にまつわるはなし

一息いれてリラックスするため“雲古”にまつわる話をしましょう。

肛門から排泄される食物の残りかすを大便といい別名、うんこ、ふん、くそなどともよばれ、いずれにしても雲古をするときは必ず便所にご厄介になります。

例外的に“野糞”ですますことはありますが、これは山中とか雑草の生茂った原っぱでないと行えず、男の立ち小便ほど気軽には実行できません。

便所はもちろん日日利用する設備ですから、昔からいろいろよばれ便所にまつわる諺なども多いようです。

まず便所は昔は厠（かわや）、雪隠（せっちん）とよばれ、現在ではトイレ、WCとよびますね。

さて、厠の神、厠人、御厠人、雪隠で饅頭、雪隠の火事、雪隠浄瑠璃、雪隠大工、雪隠詰め、雪隠虫、長雪隠、野雪隠、糞虫、糞垂、糞尿、糞力、糞袋、糞骨、糞戸、糞士、糞味噌、糞度胸、糞まる、糞落書き、糞たわけ、糞ふく、自糞、小便一町糞一里、屁、屁とも思わない、屁をひって尻すぼめ、ピピ・カカ・ポポタン(ごめんなさい！　これはフランス語でした)などナド、これらのすべてを正しく読め、かつ、その意味がわかりますか。

“金玉”がない！　えらいこっちゃー

開店早々のデパートに「金玉（キンタマ）がほしいのですが売場はどこですか？」と男性客がインフォメーションコーナーにやってきました。

若き受付嬢がモジモジ恥ずかしそうに小声で「そのようなものは売っておりません……」。すると男性は声を荒げて「百貨店にキンタマが売ってないなんて！」。

この気配に気付き奥にいた年配女性の責任者が冷静に「ご入り用のキンタマはどのようなキンタマでしょうか？」、「旗竿の先に取り付けるキンタマだよ」。「じゃあ私が売場までご案内させていただきますから……」と、一件落着したわけです。

ことの経緯は宿直明けの社員が祭日なので日の丸の旗をあげようとしたのですが、旗竿の金玉が見つかりません。キンタマのない旗竿ってサマになりません。

もっとも男だって金玉がなければカッコがつきません。

そこで慌てて開店早々のデパートへキンタマを買いに行ったという次第です。

汲み取り式便所って、若い人理解できるかなぁー

この便所は大便器からの“ウンコ”や“オシッコ”を、地面下の“便ばち”に貯めておき、適宜汲み取る方式の便所ですが、衛生上の見地から新設は禁止されております。

御神体は男のシンボル!?

サラリーマン時代は何回か社員旅行の幹事を担当したことがあり、とくに印象に残っていることがあります。

静岡県は浜名湖畔のホテル大広間での宴会の余興の１つとして、玉の色当てゲームをしてもらいました。いろいろな色の紙製の玉を男性側から女性陣へほうり上げ、女性方にその色を大声で当ててもらうゲームです。

「赤玉！」、「白玉！」、「青玉！」……。頃合をみて、金色の紙でつつんだ大きめの玉が、おもむろにほり上げられました。「金玉！……、コラ！　私達になんてはしたないことを

言わすのよ！　こんな事を考えたのは幹事の中井さんにきまっている！　罰として下手なデカンショ節でも唄いなさいよ！」と、野次られ、やむなくコップ酒を一気に飲み干し、大声で唄いました。

デカンショデカンショと半年暮らすヨイヨイ……♪

人間タマには小さいことをやろうヨイヨイ、ノミのキンタマ手で潰そ、ヨーイヨーイでっかんしょ♪

宴会は白けたでしょうか？　それとも盛り上がったでしょうか？

そのヒントとしてさらに話を続けましょう。大阪を貸切バスで出発し途中、愛知県北西部は天下の奇祭で知られる田縣神社に参拝したのです。御神体は何といきり立った状態の男性のシンボルなんです！　御本殿の正面には数メートルの巨大な男根が横たわり、人の背丈ほどのものが数本立ったまま鎮座なさっているのです。

男性陣は全員声もなく、わが身の一物の貧弱さを思い知らされた思いで意気消沈、静かに参拝した次第です。

ところが女性方は、「ワー！　すごい！」などと興奮ぎみで……“写真撮影禁止、ご神体に触らないで下さい”の注意書きも何のその、御本殿正面の棚をよじ登るように身を乗り入れ、御神体の先端部を両手でこするように触れ「写真撮って！」という、予想だにできない意外な場面に展開したのです。

近くの女性のシンボルの神様にもお参りしましたが、この神様はどういう訳か人気がありませんでした。

男の神様と女の神様は年に１回だけ合体され、この御祭典が天下の奇祭だそうです。

臭気は測定しにくい

空気汚染の一つである臭気は物理的、化学的に測定することがきわめてむずかしいもので、臭気の測定は人間の嗅覚によって行われます。このため個人差が大きく、温度や湿度、測定者の食事、喫煙なども影響しますので、臭気の程度を客観的に表現することはむずかしいのです。

臭気の程度の表わし方として、表に示す“ヤグローの臭気強度指数”が一般に用いられています。これはヤグローにより提案された経験的な臭気の強さの指標

です。

臭気強度の表わし方

臭気の強度の指数	示性語	説明
0	無臭	全く感じられない
1/2	感じられる限界	きわめて微弱で訓練された者だけがわかる程度
1	明確	普通の人にはわかるが不快ではない
2	普通	室内での許容限度（愉快ではないが不快でもない）
3	強い	不快
4	激しい	激しい不快感
5	耐えがたい	吐き気を催す

高下駄が排便用具??

排便（うんこ）の後、肛門の周囲に付着した雲古をトイレットペーパーなるもので拭き取りますが、紙が比較的自由に庶民の手に入るようになったのは江戸時代後半であり、それまでの庶民は紙でお尻を拭くことはできなかったわけです。一般庶民の排便は、原っぱで雲古をする野糞、つまり野雪隠が主流で、排便後の尻の後始末は“捨木”なるもので行っていたのです。昔のトイレットペーパーは木や竹でつくったヘラ（捨木）だったわけです。排便が集団的に原っぱで行われていたため、とくに女性にとっては、しゃがんでも腰下回りを隠せる長いすそのゆったりした着物が必要であったし、高下駄も男女共通の排便用具だったのですよ！　すなわち、はね返りのおしっこや雲古が足に付着しないようにするためです。高下駄が排便用具だったとは……。

トイレも観光施設の1つ？

昔は公衆便所は、臭い（K）、汚い（K）、怖い（K）、暗い（K）、の4Kトイレと称されたこともありました。

ところで、トイレのイメージアップとしてトイレも観光施設との考え方から、有名な観光地である静岡県伊東市では、城ヶ崎海岸を中心に数寄屋造りなどの公共トイレが12箇所つくられ、すべてに「手水庵（さくらの里）」、「磯の香和屋（城ヶ崎海岸公園）」、「黒潮の洗い処（新井伊東港）」などの愛称がつけられ、旅の思い出にトイレ前で記念撮影するお客さんもおられ、地元のタクシー会社では香和屋巡り遊覧コースまで設けられているほどです。

ほのかに色香が漂う女性の御叱呼

“しょんべんくさい小娘が”という表現をご存知と思いますが、昔から若い女性が年上の人に生意気なことをいうと「しょんべんくさい小娘が何をいうか……」と、たしなめられたりするわけです。

おシッコは小便、尿、ゆばり、小水、小用ともいわれますが、いずれにしても血液中の老廃物および水分が膀胱、尿道を経て、つまり腎臓というフィルターを通して、体外に排泄される透明な液体で、成分は1000種以上もあるということです。

しかし、おシッコの中にはまったく細菌はいないのです。したがって排泄直後のおシッコは正真正銘の無菌状態なのです。信じられませんね。

ウンコの場合とはまったく違うのです。細菌の有無だけからの尺度で測れば、最高にきれいな液体ということになります。

ところが、男のきわめて単純な構造とは異なり、女性の局部は実に複雑にできている関係上、おシッコは排出するやいなや複雑な部分の表面などに付着します。

実はこの複雑な部分が細菌にとっては絶好の棲家でウヨウヨいるのですが、この細菌にとってはおシッコはまたとない栄養源で、化学反応の結果、おシッコの一成分である尿素がアンモニアになり臭うのです。

したがって一般に「おシッコの臭い＝アンモニアの臭い」と感じるのです。

むし暑い梅雨の季節、下校途中の女子校生の一団と電車やバスに乗り合わせると、10代の生理的に新陳代謝の激しい若い女性集団により、ムンムンとした甘酸っぱい匂いではあるが、ほのかにアンモニアの臭いが充満します。

いわゆるおシッコの臭いがするのです。このことから「しょんべんくさい小娘……」といわれるわけです。

ところで、健康な成人のおシッコの量は1日1.5ℓ程度で、排尿回数は1日4～6回が普通で、1回当りの量は約0.3ℓです。

しかしビールやお酒を飲んだ後は別で、排尿量も排尿回数もぐんとメートルが上がります。「経験がない……」などとは言わせませんぞ！　この理由はアルコールには利尿作用があるからです。

和風大便器に“金隠し”は必要かな？

和風大便器に必ず大便器の前のおおいともいうべき金隠しが構成されています。

金隠し(きんかく)というと女性には話しにくい隠語的な要素がありま

すが、れっきとした“学術用語”です。

金隠しのついたしゃがみ込み大便器である和風大便器は世界的にもめずらしいそうで、日本だけでなく韓国や中国でも使われますが、金隠しのついたしゃがみ式大便器でないと絶対だめだと、いわゆる和風大便器を必ず用いるのは日本だけのようです。

金隠しのないしゃがみ式の大便器は世界で広く用いられています。

要するに金隠しは大便器の機能上必要とするものではなく、何となくついているだけですが日本では金隠しのないしゃがみ式大便器は、つくったとしても1つも売れないと思います。

金隠しという言葉は「きぬかけ」から転化した言葉ではないかという説があります。昔は一般庶民の排便はいわゆる“野糞”(野外で排便すること)で、紙も庶民にとっては無縁のものでしたから、用便後の肛門は尻ふき用の“捨木”で処理したそうです。

平安時代は便器を“樋箱(ひばこ)”といい、高貴な人はこれを使用していました。

高貴な女性は当時、十二単(じゅうにひとえ)を着ていましたので樋箱に行けば、十二単の着衣が邪魔をして、樋箱の目的の位置にしゃがみ込めず用をたせなかったようです。

そこで十二単の裾を持ち上げるようにした“きぬかけ”が発明されたといわれています。

このきぬかけが転化して金隠しになったとすれば、金隠しは便器の後方にあるべきだと思いますが、平安朝時代に紫式部など高貴な女性が十二単で“うんこ”をしている姿を想像するだけでも、何と雅(みやび)やかな気分になれることでしょうか？

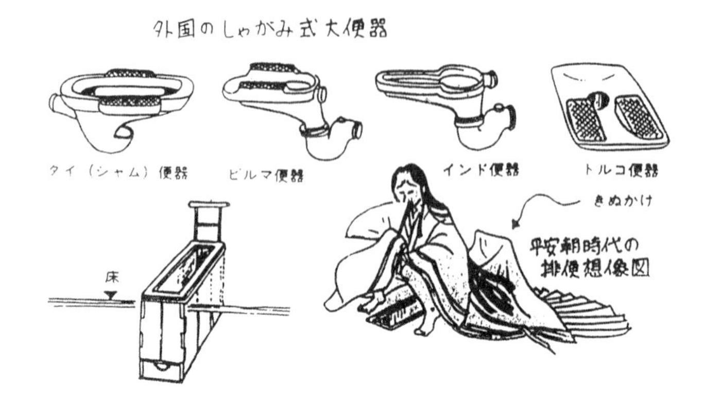

第5章　水に関するお話

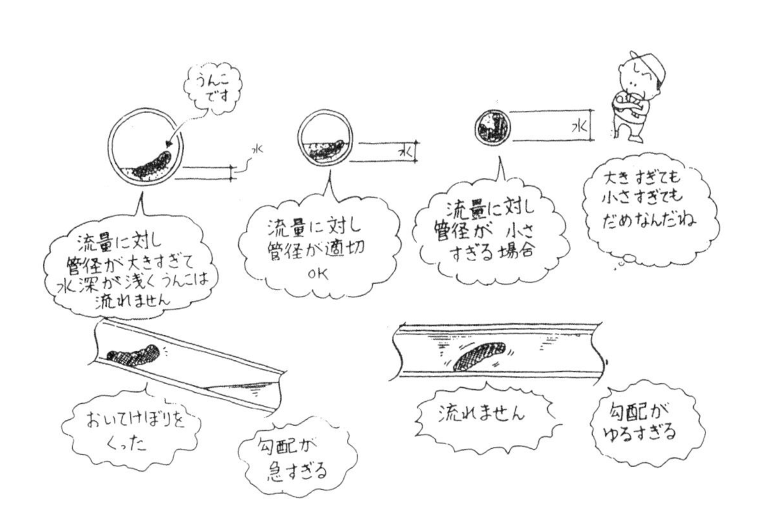

うんこです
水
水
水
流量に対し管径が大きすぎて水深が浅くうんこは流れません
流量に対し管径が適切 OK
流量に対し管径が小さすぎる場合
大きすぎても小さすぎてもだめなんだね
おいてけぼりをくった
勾配が急すぎる
流れません
勾配がゆるすぎる

おいしい水の条件とは？

近年は水道水の原水源である河川や湖沼の水質が農薬、工業排水、家庭排水などで汚染され、このため水道水も異臭を発したり、“まずい水”化しています。

おいしい水の条件はミネラル（カリウム、ナトリウム、カルシウムなどが微量で、生体の生理機能を行うのに必要な鉱物化合物）の含有率が100～200mg/ℓ、炭酸ガスの含有率が30～50mg/ℓ、水温10～15℃であるという３つなのです。

ですから、ミネラルウォーターはおいしい水なんです。しかしカルキ臭くまずい水道水も、10～15℃に冷やして飲むとおいしいですよ！

青水、黒水、白水??

青水は水道水質の異常の１つで、銅配管からの銅イオンの溶出により青く濁るのです。しかし、実際に水（湯）が青く見える銅イオン濃度は100mg/ℓ以上で、通常の状態では青水は発生しません。

タオルが青くなったり、洗面器や浴室のタイル目地が青くなることはありますが、これは微量の銅イオンが石けんの成分である脂肪酸と反応して、青色の不溶性物質となって付着したり、給湯栓から微量の銅イオンを含む湯が滴下し、空気中の炭酸ガスなどと反応して青色の物質が濃縮付着するためなのです。

白水とは　亜鉛めっき鋼管の使用した給水・給湯配管からの亜鉛の溶出（腐食）により、水が白濁した状態になる水道水質の異常です。亜鉛はpH 8～11くらいのアルカリ性では比較的安定していますが、わが国の水道水のように中性に近い場合は溶出しやすいのです。

一般に亜鉛濃度が1～5mg/ℓを超えると白濁します。ただし、白水とはなっていなくても、給湯の場合は水中の溶存気体（酸素や炭酸ガスなど）が分離しやすく、給湯栓を開いたときの急激な減圧により気泡が発生し、白濁したように見えます。

これはサイダーなど炭酸飲料水をコップに注いだとき、著しく発泡し、泡が消えるまでは白い水に見えるのと同じ現象です。したがって、ほんとうの白水と気泡による一時的な“白水”の違いをよく理解しておいて下さい。

黒水とは、これはマンガンを多く含むことにより黒く変色する水道水質の異常です。黒水はビルでは見られません。

しかし、無色透明の水が赤水、青水、白水、黒水に変化するって変だなぁー。

風呂屋さんよもやま話

昭和40年頃までは風呂のある家庭はきわめて少なく、入浴は銭湯を利用するのが一般的でした。

しかし以後、新築や改築される家屋やマンションは下水道の普及とも合まって、すべて風呂付きのものとなり、それに逆比例してお風呂屋さんの数も減少し、現在ではあまり見られなくなりました。

若い人達には銭湯を利用した経験のある人はきわめて少なくなり、近年では修学旅行の学生や子供達はホテルや旅館の大浴場では男女混浴でもないのに、まる裸になるのを恥ずかしがって持参の水着を着て入浴する子が圧倒的に多くなっているのです。銭湯で育った私達年輩者からすれば信じられないような様変わりです。

子供にとっては、銭湯は保健衛生上だけでなく、入浴のルール、マナーなどを周囲の大人から教わるいわば社会教育の場でもあったわけで、さらに入浴客が少ない場合は温水プール代わりの子供の遊び場ともなり、それを大人も子供の頃を想い出して黙認し大目に見てくれました。

ところで、大人が3人、子供が5人と入浴者の少ないとき、子供5人は潜水ごっこつまりもぐりっこ遊びをしておりました。「ソレ！」と一斉に子供がもぐって数秒後、全員がびっくりした様子で一斉に浮上し「イマの音何やねん！」というわけです。

実は一斉に浮上してくる直前に、大人が入浴している付近の水面（湯面かな？）がボコンと大きく泡立ち水柱がたったのです。

つまり浴槽内で“オナラ”をしたのです。水中では音が大きく伝わるため子供達はびっくり仰天！　浮上したわけです。子供達の楽しいもぐりっこを中断させた犯人は誰だ！

“出歯亀”はアカン！　犯罪やで！

旧制の商業学校を出て油脂化学メーカーに就職し、営業部営業第三課に配属されましたが、入社３年目のとき「学校（大学）も出てないので将来が不安だ。何か技能を身につけなければ」と、上司の営業課長・部長に京都工場への転勤を願い出たのですが「ダメ！」でした。

このため社長に直訴したところ「じゃ、２年間だけ京都工場の勤務を許す」ということで、京都工場の機械設備の運用・保全を担当する原動力課に配属されたのです。

工場の皆さん方はいい人ばかりで楽しい思い出がいっぱいです。その際たるものが、“女湯のぞき”なんです。

夕方５時の終業後、皆さんは入浴して帰宅されるわけですが、浴室も原動力課の縄張だったので「設備の点検」などと称してよく女湯のぞきをやったのです。

もちろん、よくバレたのですが、当時の若き女性方は「コラ！」とはいうものの、本気で怒ることもなくおおらかなものでした。

もっとも、バレルごとに皆さんに御好み焼などをおごらさせられ、給料が全部トンでしまうことも度々でしたが……。

この出歯亀の悪さの件が工場内に広まるのは当然ですが、本社にもウワサが広がりついに社長の耳にも入ったようです。

工場へ着任後１年目のおり工場長から「君の悪さの件が社長の耳に入ったようだ。社長からすぐ来いとのことだ。すぐ本社へ行って来い」です。

出歯亀の悪さの件がついに社長の耳に入ったかと、緊張気味で本社へ行ったのです。

「コラ！　このやんちゃボーズ！　悪さばかりしやがって！　2年間と言うとったけど工場はもうクビだ！　総務部長のところへ行って辞令をもらってこい！」、言葉はキツイのですが、なぜかニコニコした表情の社長でした。

辞令を見て仰天しました。意外や意外“営業部営業第三課係長を命ず”2階級特進です。

まぁー、こういったことで再び本社勤務となった次第です。

第６章　衛生動物のあらまし

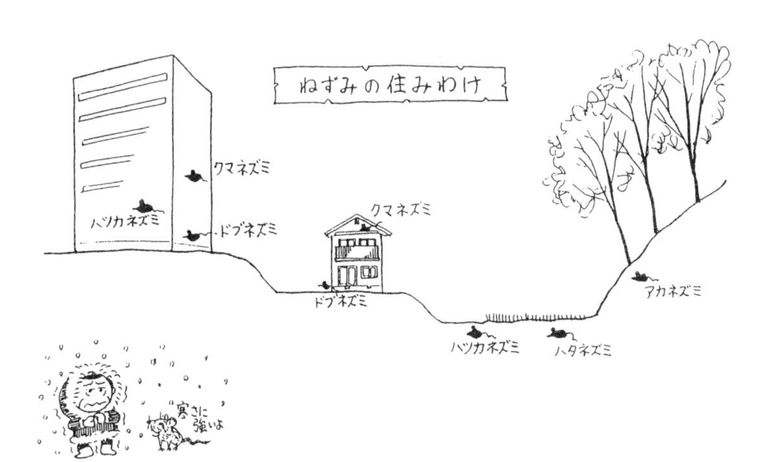

衛生動物って、衛生的な動物のこと??

衛生動物とは、人間に衛生上、健康上の害を与える動物をいい、何といってもその代表格はねずみです。

主に建築物内で生息する**都市型ねずみは**、**ドブねずみ**（主に地下の水辺を好みます）とクマねずみ（ドブねずみよりやや小さく高所の乾いた所、つまり上層階の天井裏などに住みます)。

いずれにしてもねずみは、病原菌を媒介する**媒介動物**だけではなく、大食漢で、かつ、歯の特性から硬い物でも（電線、電話線など）かじるため停電や漏電火災にもつながるわけです。

なお、害虫、衛生動物の両者を総称して害虫獣といいます。

ねずみの媒介する病気

病　　名	病原体	感染経路
鼠咬症	スピロヘータ	直接人体をかむ
ワイル病	レプトスピラ	汚染水を介して
サルモネラによる食中毒	サルモネラ（細菌）	食品を介して
ペスト（黒死病）	ペスト菌	ねずみに寄生する，ノミを介して
発診熱	リッケチア	ねずみに寄生する，ノミを介して
ツツガムシ病	リッケチア	ねずみに寄生する，ツツガムシを介して
日本住血吸虫病	日本住血吸虫	ミヤイリガイは中間宿主

蚊取線香は煙でカを殺すの？

よくご存知の渦巻型で草色のあの蚊取線香、あれの材料は昔は除虫菊だったのですが、現在は化学的に合成されたアレスリンで、臭いをつけるためにケニア産の除虫菊が加えられているにすぎません。

蚊取線香はあの煙で蚊を殺すのでしょうか？　とんでもない、煙ではなく火のついた先から数mm離れたところが300℃の高温となり、この高温により有効成分が蒸散し、蚊を殺すのです。れっきとした蒸散剤なんですよ。

蚊取線香に代って近年人気があるのは**電気蚊取器**ですが、これは電気からの熱エネルギーでアレスリンを吸着させた蚊取マットを加熱して徐々に蒸散させているのです。煙が出ないので人気があるわけで蚊取線香の応用です。

ねこも害獣化？

近年では野良ねこが、ビル内やスーパーマーケットの天井裏に住みつき、夜になると建物内の餌あさりに徘徊し被害を与えて、いわば野生化、害獣化しているケースが増えているのです。「ネコにマタタビ」といわれますが、野生化したネコ様にはマタタビの効果があがりません。

したがって木製の“ネコ取り器”で捕えるしか方法がないのです。

昔のねこのようにネズミやハトを襲って食べればよいのですが、美味なキャットフードで飼育されたねこは、野良ねこに落ちぶれてもネズミやハトを襲わず、スーパーマーケットなどを占拠し、店内の食料品を失敬するというわけです。

ペットとして飼育した動物はやたらと捨てたりしたらアカンで！

ねずみ算式に増殖するかな？

ともかく「ねずみの繁殖力は凄まじい」の一言につきると思います。

例えばドブネズミやクマネズミの平均寿命は約３年で、その間に15～20回も子を産み１回に平均９匹、中には22匹という記録もあります。

妊娠期間も約21日、しかもドブネズミなどは出産後、数時間経つとはや発情して交尾し、しかも何回も交尾を繰り返すので必ず妊娠するのです。

母親は産まれた子に乳を与えながらお腹にはつぎの子を育てているのだからまさに驚異です。

生まれた子も15日で巣立ち、生後２ヶ月もすると性的に成熟して繁殖を開始するわけです。

したがって、年６回、１腹８匹を産み、生後３ヶ月で１回目の出産をすると仮定すると、１月に１組しかいなかったねずみが、翌年の１月には7706匹、2月にはなんと13000匹にも増えてしまいます。まさに“ねずみ算”ですね。

このような計算でいくと３年後には約３億匹以上に達してしまいます。

現在わが国のねずみの数は３億匹と推定されていますが、多産であっても生まれた子ねずみが１年後まで生き残るのは出産数の５％以下なのです。

これは実際には食物やすみかが制限され、病気、天敵に食われたり、気象条件、人間の駆除などのためです。

換言すればなんの関係もないように見えても、動物たちの間にも利害関係によるバランスが保たれているためです。

実際にねずみ算式に繁殖すれば地球上はねずみで満員になり人類は滅亡してしまいます。

家ねずみの寿命と繁殖

種別	寿命	繁殖可能期間	妊娠期間	年間分娩回数	1回の平均産仔数
クマネズミ	約3年	生後3ヶ月～2年	約21日	5～6回	6匹
ドブネズミ	約3年	生後3ヶ月～2年	約21日	5～6回	9匹
ハツカネズミ	1～1.5年	生後約35日から	17～20日	6～10回	6匹

ノミはジャンプの天才？

ノミ（蚤）は隠翅目ノミ科の昆虫で、日本産はヒトノミ、イヌノミ、ネコノミ、ネズミノミなどが古くからよく知られる吸血虫です。

ノミの体は必要な器官がコンパクトに収まって、動物の体毛をかきわけて動くのに都合よくできており、かつ口器は吸血に適した吸血管となっています。

翅は退化してありませんが、体重の12倍を支えることのできる後脚のバネの力で、体重の200倍も跳ね、立ち跳び30cmも跳べるのです。

もし人間がノミ同様に跳べたら富士山も12跳びで登れる計算になります。

ノミの体長は4mm以下で、赤褐色で側扁しています。床下や天井裏などのホコリの多い箇所に産卵し、幼虫は動植物質の汚物を食し、幼虫は温血動物に寄生し雌も雄も吸血します。

宿主に対する好みがそれほど特異的でないので、人を吸血するのはヒトノミだけでなく、イヌノミやネコノミなども人を襲います。

とくに発疹チフスやペストの病源菌がネズミからネズミノミを介して人に伝染することはよく知られています。

つねに清掃しホコリがないように、もし発生すれば発生源にスミオチンなどの有機燐剤の粉剤を1m^2当り10～20gほど散布すればよいでしょう。

著者略歴

中井多喜雄（なかい　たきお）

1950年　京都市立四条商業学校卒業
　　　　垂井化学工業株式会社入社

1960年　株式会社三菱銀行入社

現　在　技術評論家（建築物環境衛生管理技術者・建築設備検査資格者・特級ボイラー技士・第1種冷凍機械保安責任者・甲種危険物取扱者）

〈おもな著書〉

福祉・住環境用語集／学芸出版社
イラストでわかる管工事用語集／学芸出版社
イラストでわかる空調設備のメンテナンス／学芸出版社
イラストでわかる給排水・衛生設備のメンテナンス／学芸出版社
イラストでわかる建築電気設備のメンテナンス／学芸出版社
イラストでわかるビル清掃・防鼠防虫の技術／学芸出版社
イラストでわかる建築電気・エレベータの技術／学芸出版社
イラストでわかる防災・消防設備の技術／学芸出版社
イラストでわかる給排水・衛生設備の技術／学芸出版社
イラストでわかる空調の技術／学芸出版社
図解空調技術用語辞典（編著）／日刊工業新聞社
ガスだきボイラーの実務／日刊工業新聞社
図解ボイラー用語辞典／日刊工業新聞社
図解配管用語辞典／日刊工業新聞社
SI単位ポケットブック／日刊工業新聞社
ボイラの燃料燃焼工学入門／燃焼社
ボイラの水処理入門／燃焼社
スチームトラップで出来る省エネルギー／燃焼社
鋳鉄製ボイラと真空式温水ヒータ／燃焼社
ボイラーの運転実務読本／オーム社

ボイラーの事故保全実務読本／オーム社
ボイラー技士のための自動制御読本／明現社
ボイラー技士のための自動ボイラー読本／明現社
ボイラー一問一答取扱い編／明現社
SI単位早わかり事典／明現社
最新エネルギー用語辞典／朝倉書店
危険物用語辞典／朝倉書店
ボイラ自動制御用語辞典／技報堂出版
建築設備用語辞典／技報堂出版
よくわかる！　1級ボイラー技士試験／弘文社
よくわかる！　2級建築士試験／弘文社

石田　芳子（いしだ　よしこ）
1981年　大阪市立工芸高等建築科卒業
現　在　石田（旧木村）アートオフィス主宰／二級建築士
〈おもな著書〉
イラストでわかる二級建築士用語集／学芸出版社
イラストでわかる管工事用語集／学芸出版社
イラストでわかる空調設備のメンテナンス／学芸出版社
イラストでわかる給排水・衛生設備のメンテナンス／学芸出版社
イラストでわかる建築電気設備のメンテナンス／学芸出版社
イラストでわかるビル清掃・防鼠防虫の技術／学芸出版社
イラストでわかる建築電気・エレベータの技術／学芸出版社
イラストでわかる防災・消防設備の技術／学芸出版社
イラストでわかる給排水・衛生設備の技術／学芸出版社
イラストでわかる空調の技術／学芸出版社
マンガ建築構造力学入門Ⅰ、Ⅱ／集文社

知っているようで知らない **技術屋雑学ノート**

平成30年 3 月25日　第 1 版第 1 刷発行

©著　者　中井　多喜雄
さし絵　石田　芳子

発行者　藤波　優
発行所　㈱　燃焼社
〒558-0046 大阪市住吉区上住吉2-2-29
TEL 06 (6616) 7479
FAX 06 (6616) 7480
振替口座 0094-4-67664
印刷所　㈱ユニット
製本所　㈱ピーコム

ISBN978-4-88978-125-0　Printed in Japan 2018

落丁・乱丁本はお取替えいたします。